I0462647

ANNA GRUNDULS DESIGN
ANNA GRUNDULS . COM

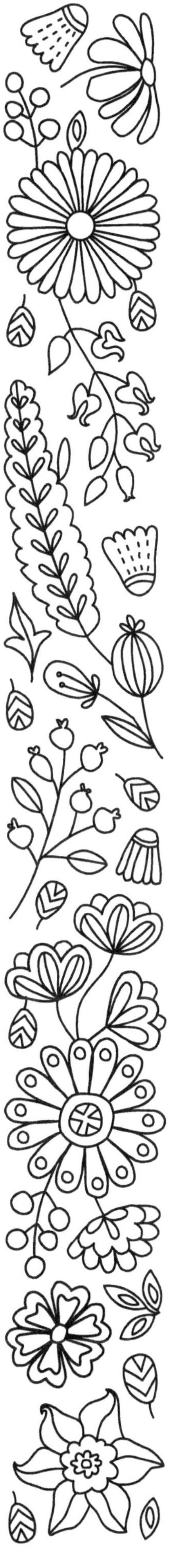

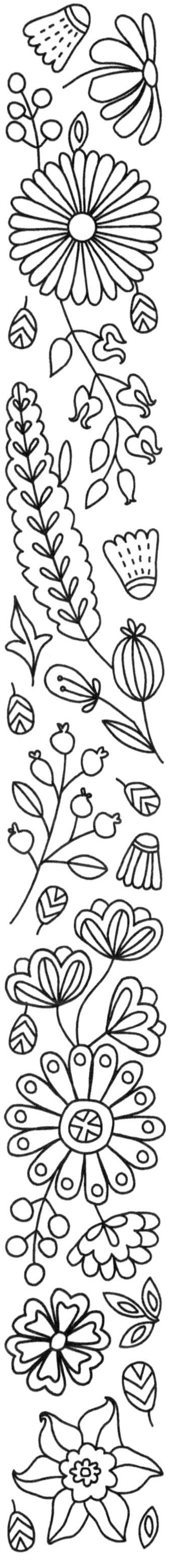

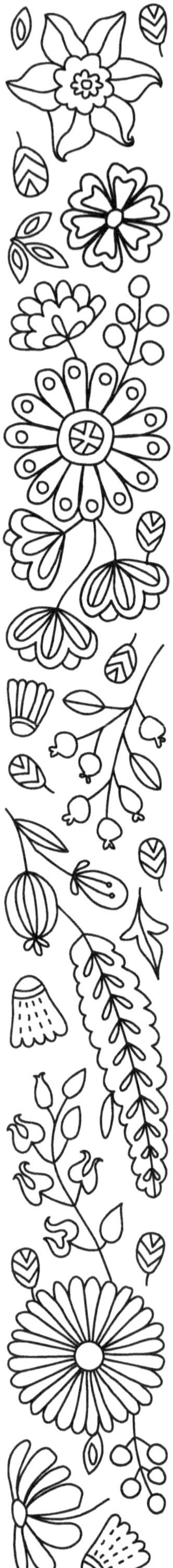

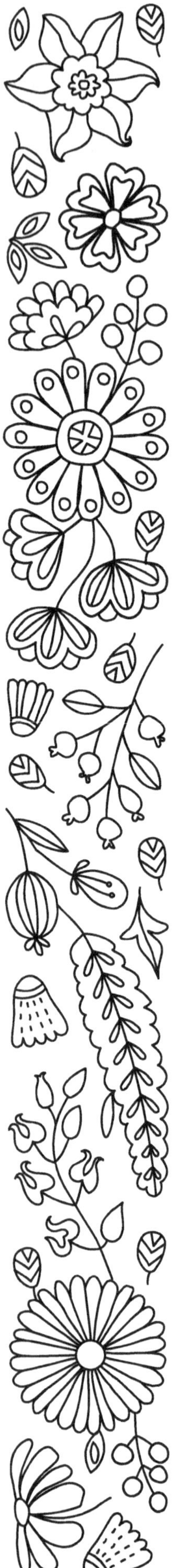

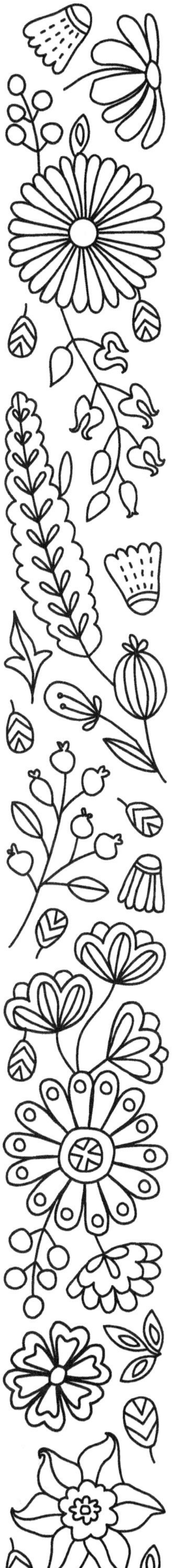

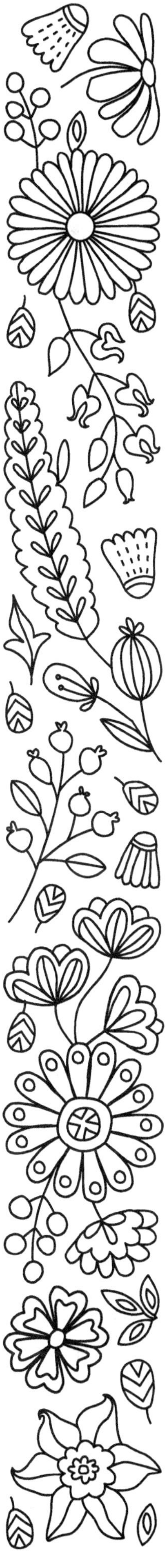

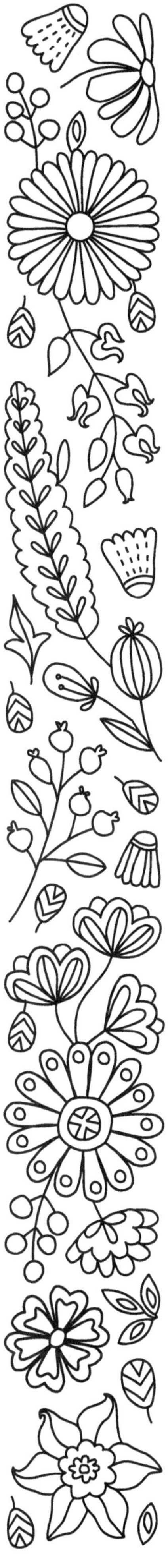

www.ingramcontent.com/pod-product-compliance
Lightning Source LLC
Chambersburg PA
CBHW081010170526
45158CB00010B/2995